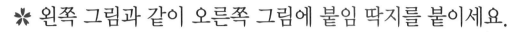

똑같아요

✻ 왼쪽 그림과 같이 오른쪽 그림에 붙임 딱지를 붙이세요.

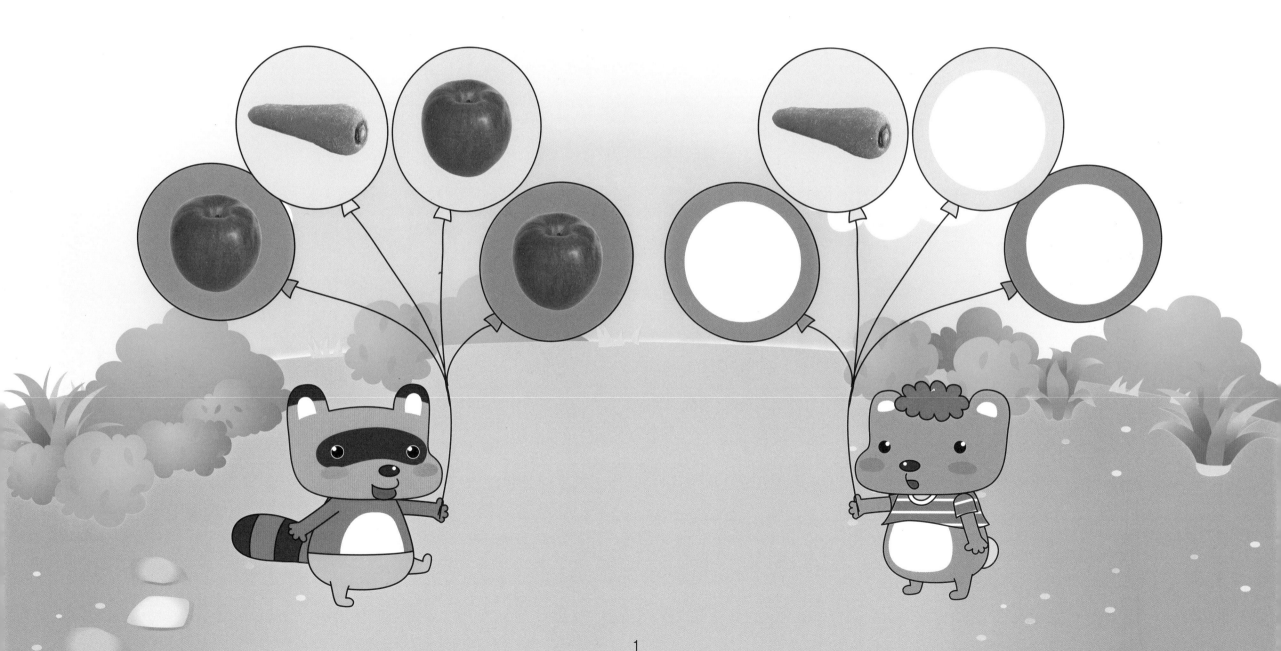

달라졌어요

✻ 왼쪽 그림을 보고, 오른쪽 그림에서 달라진 곳 네 곳을 찾아 ○ 하세요.

작은 수

하나 더 작은 수

참 잘했어요!

✲ 주어진 수보다 '1' 작은 수를 □ 안에 쓰세요.

□	21
□	34
□	46
□	28

□	65
□	38
□	29
□	53

□	37
□	74
□	45
□	23

하나 더 큰 수

❋ 주어진 수보다 'I' 큰 수를 ◯ 안에 쓰세요.

참 잘했어요!

수의 크기를 알아요

참 잘했어요!

✽ 두 수를 비교하여 ○에 <, =, >을 표시하세요.

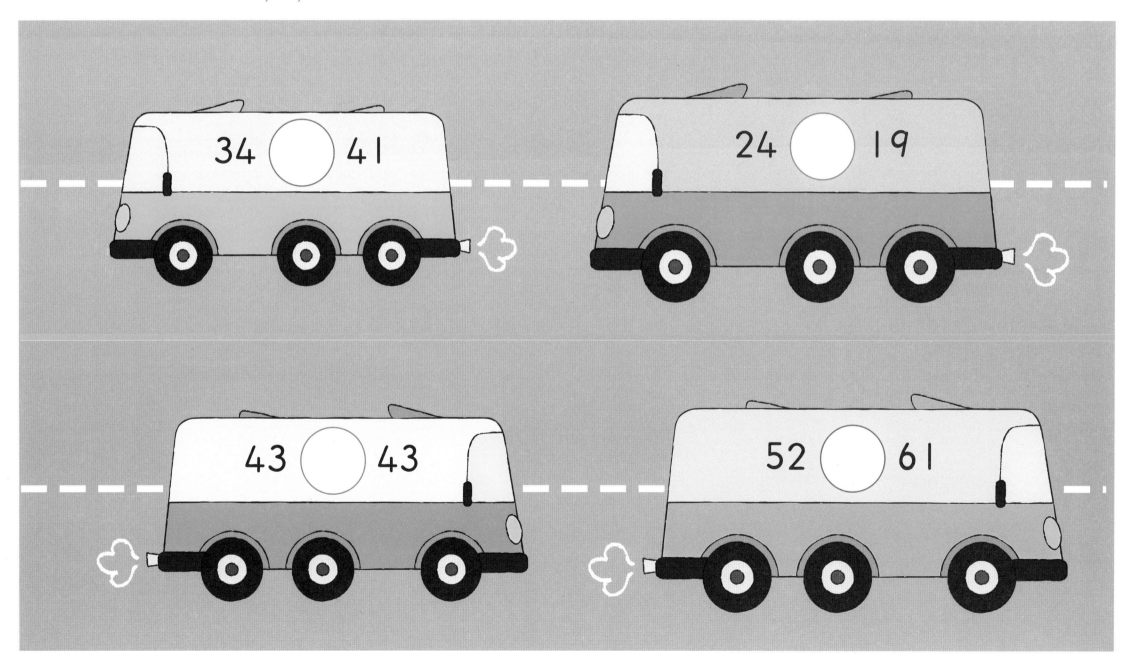

5

어떤 모양이 될까요?

참 잘했어요!

✱ 왼쪽 두 그림을 겹치면 어떤 모양이 될까요? 맞는 모양에 ○ 하세요.

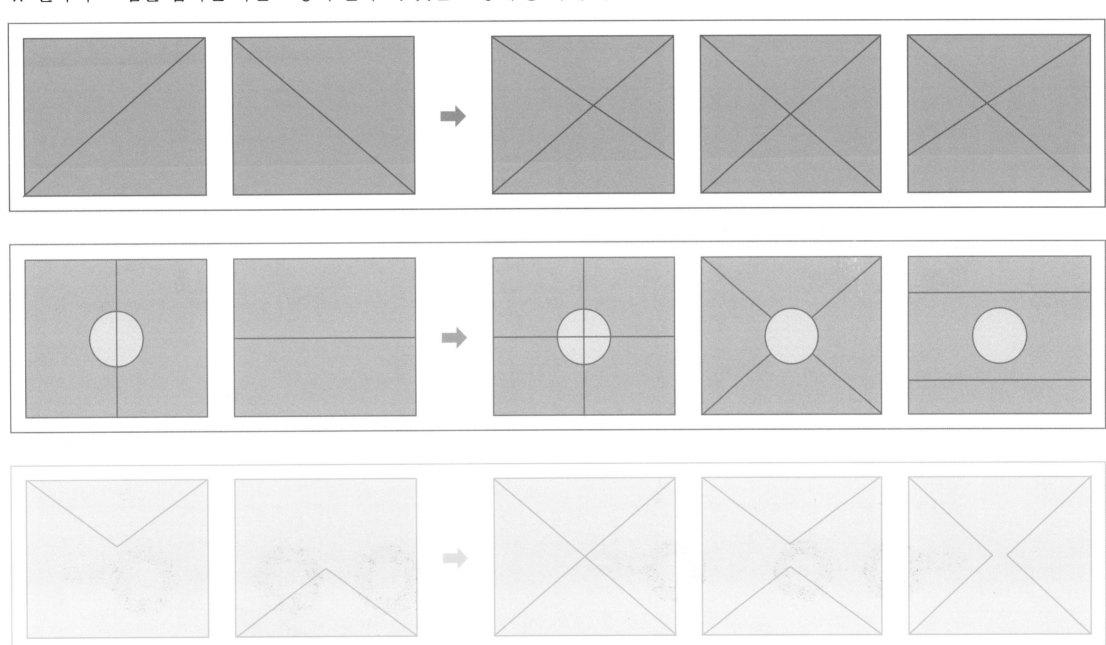

한 자리 수의 덧셈 · 뺄셈

참 잘했어요!

✿ 그림을 보고, 덧셈을 하세요.

✿ 그림을 보고, ☐ 안에 알맞은 수를 쓰세요.

$6 + 3 = \boxed{}$

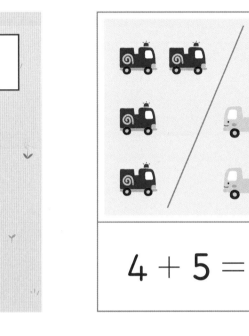

$4 + 5 = \boxed{}$

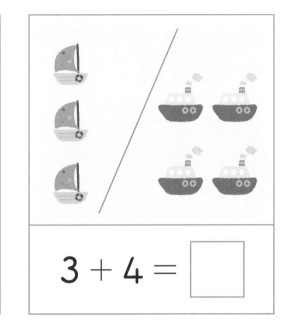

$3 + 4 = \boxed{}$

$5 + 4 = \boxed{}$

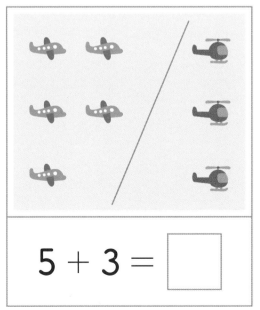

$5 + 3 = \boxed{}$

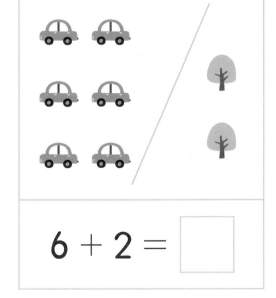

$6 + 2 = \boxed{}$

7

한 자리 수의 덧셈·뺄셈

✽ ☐ 안에 알맞은 수를 쓰세요.

✽ ☐ 안에 알맞은 수를 쓰세요.

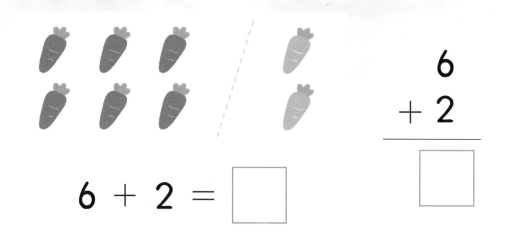

$$4 + 4 = \boxed{}$$

$$\begin{array}{r} 4 \\ + 4 \\ \hline \boxed{} \end{array}$$

$$6 + 2 = \boxed{}$$

$$\begin{array}{r} 6 \\ + 2 \\ \hline \boxed{} \end{array}$$

$$5 + 2 = \boxed{} \qquad 6 + 3 = \boxed{}$$

$$3 + 4 = \boxed{} \qquad 2 + 7 = \boxed{}$$

$$1 + 8 = \boxed{} \qquad 4 + 5 = \boxed{}$$

$$3 + 2 = \boxed{} \qquad 7 + 1 = \boxed{}$$

$$3 + 5 = \boxed{} \qquad 6 + 1 = \boxed{}$$

$$4 + 2 = \boxed{} \qquad 7 + 2 = \boxed{}$$

$$2 + 2 = \boxed{} \qquad 3 + 3 = \boxed{}$$

$$5 + 4 = \boxed{} \qquad 2 + 6 = \boxed{}$$

덧셈 · 뺄셈

한 자리 수의 덧셈 · 뺄셈

참 잘했어요!

❀ 그림을 보고, 뺄셈을 하세요.

❀ 그림을 보고, ☐ 안에 알맞은 수를 쓰세요.

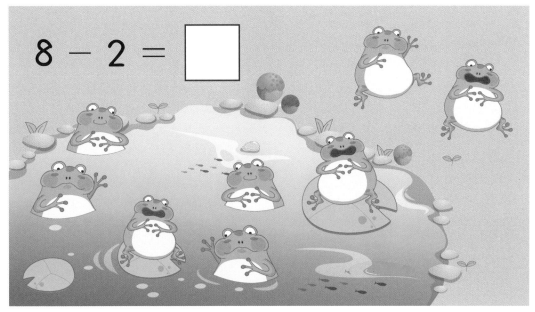

$8 - 2 = \boxed{}$

$6 - 4 = \boxed{}$

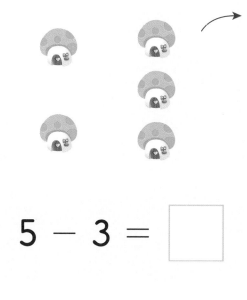

$5 - 3 = \boxed{}$

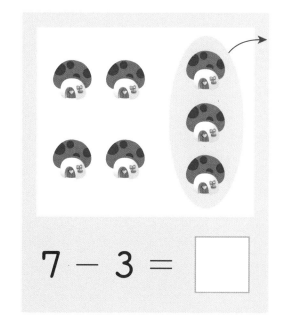

$7 - 3 = \boxed{}$

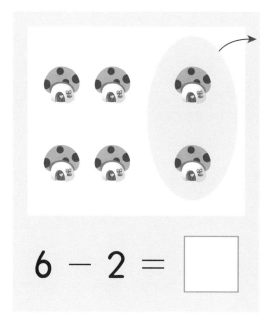

$6 - 2 = \boxed{}$

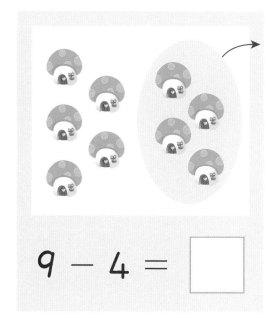

$9 - 4 = \boxed{}$

한 자리 수의 덧셈·뺄셈

참 잘했어요!

✳ ☐ 안에 알맞은 수를 쓰세요.

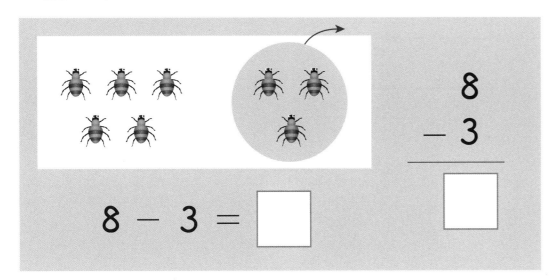

$$8 - 3 = \boxed{}$$

$$\begin{array}{r} 8 \\ -\ 3 \\ \hline \boxed{} \end{array}$$

✳ ☐ 안에 알맞은 수를 쓰세요.

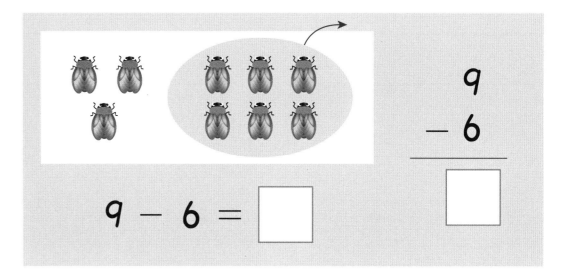

$$9 - 6 = \boxed{}$$

$$\begin{array}{r} 9 \\ -\ 6 \\ \hline \boxed{} \end{array}$$

$$7 - 2 = \boxed{} \qquad 5 - 4 = \boxed{}$$

$$3 - 1 = \boxed{} \qquad 4 - 2 = \boxed{}$$

$$9 - 7 = \boxed{} \qquad 8 - 6 = \boxed{}$$

$$6 - 4 = \boxed{} \qquad 7 - 3 = \boxed{}$$

$$6 - 3 = \boxed{} \qquad 8 - 7 = \boxed{}$$

$$5 - 2 = \boxed{} \qquad 9 - 8 = \boxed{}$$

$$4 - 1 = \boxed{} \qquad 7 - 4 = \boxed{}$$

$$3 - 2 = \boxed{} \qquad 6 - 5 = \boxed{}$$

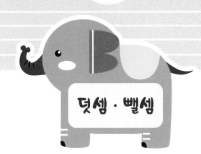

참 잘했어요!

받아올림이 있는 한 자리 수 + 한 자리 수

✽ 동물을 세어, □ 안에 쓰고 계산을 하세요.

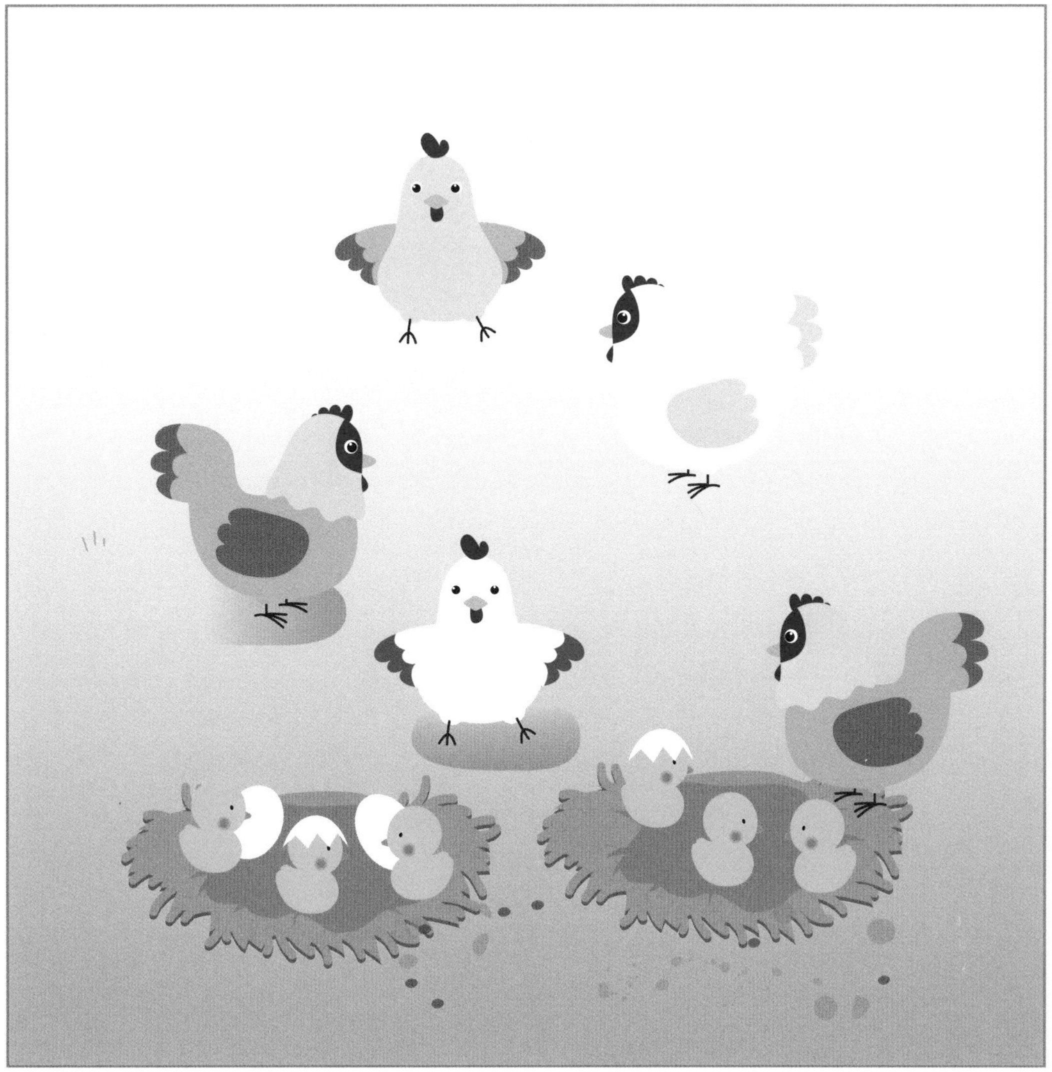

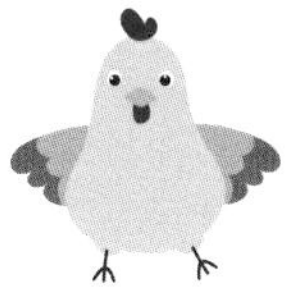 □ + 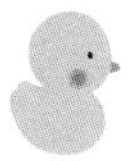 □ = □

✽ 그림을 보고, □ 안에 알맞은 수를 쓰세요.

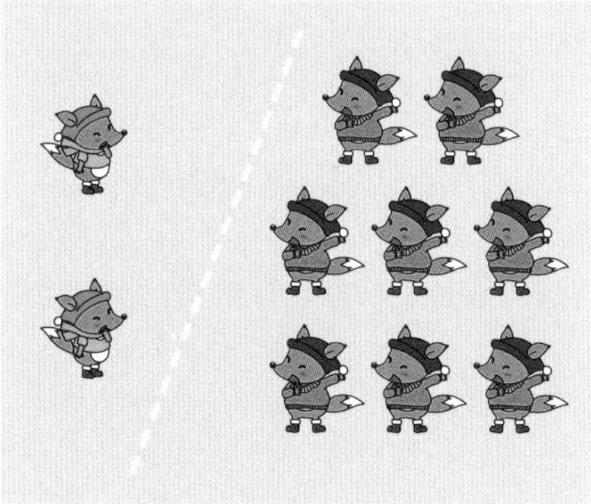

2 + 8 = □

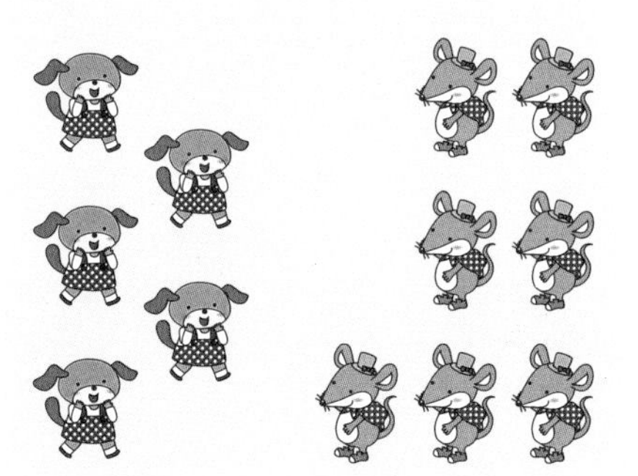

5 + 7 = □

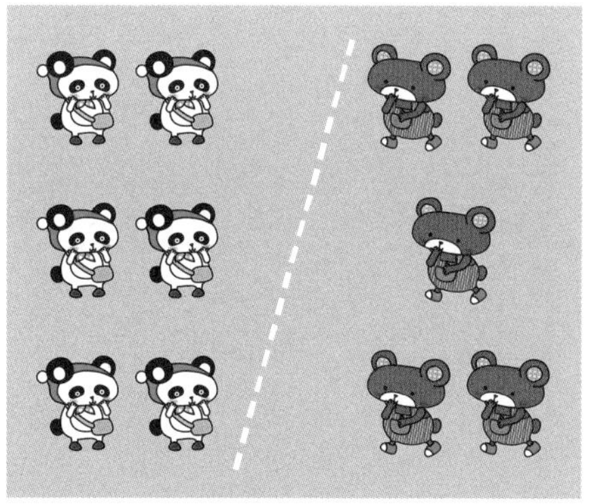

6 + 5 = □

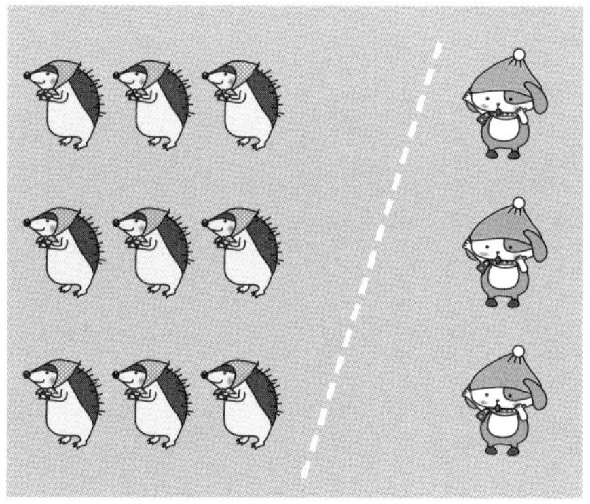

9 + 3 = □

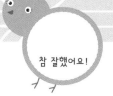

받아올림이 있는 한 자리 수 + 한 자리 수

참 잘했어요!

✻ 두 수를 더하여 나온 답의 붙임 딱지를 모자에 붙이세요.

✻ 그림을 보고, ☐ 안에 알맞은 수를 쓰세요.

9 + 5

6 + 7

3 + 8

8 + 4

5 + 5

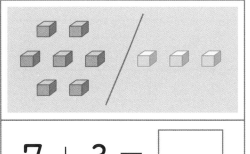

$7 + 3 =$ ☐

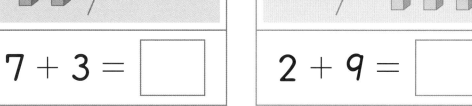

$2 + 9 =$ ☐

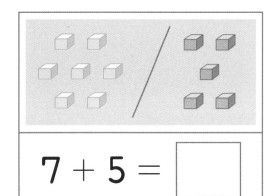

$7 + 5 =$ ☐

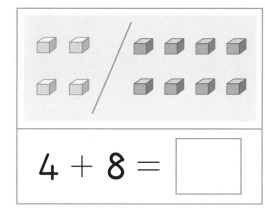

$4 + 8 =$ ☐

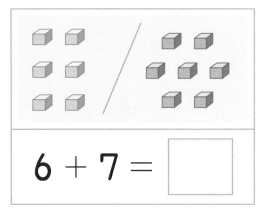

$6 + 7 =$ ☐

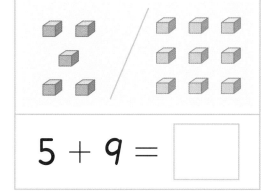

$5 + 9 =$ ☐

12

덧셈 · 뺄셈

받아올림이 있는 한 자리 수 + 한 자리 수

✽ 생쥐의 귀에 쓰인 두 수를 더한 수를 선으로 이으세요.

✽ 계산을 하여, ☐ 안에 알맞은 수를 쓰세요.

$8 + 6 =$ ☐

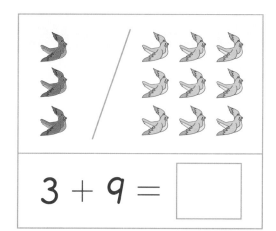

$3 + 9 =$ ☐

$7 + 4 =$ ☐

$5 + 6 =$ ☐

$2 + 9 =$ ☐

$4 + 8 =$ ☐

$6 + 7 =$ ☐

$9 + 4 =$ ☐

$8 + 9 =$ ☐

$3 + 7 =$ ☐

받아올림이 있는 한 자리 수 + 한 자리 수

참 잘했어요!

❋ 그림의 수를 세어 맞는 답과 선으로 이으세요.

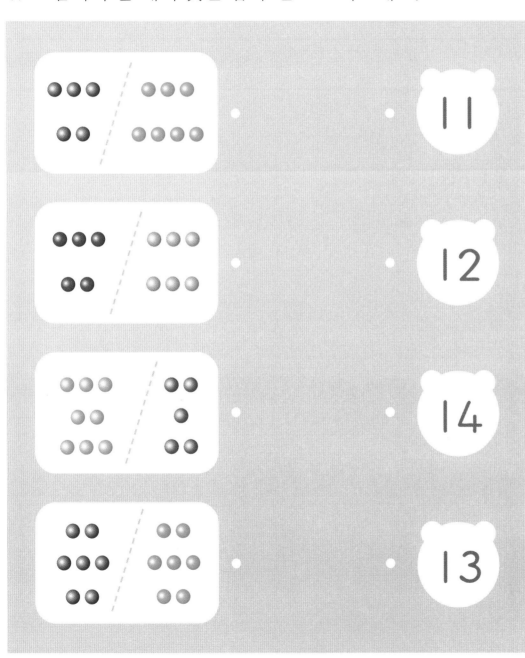

11

12

14

13

❋ ☐ 안에 알맞은 수를 쓰세요.

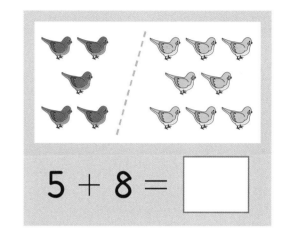

$9 + 7 =$ ☐

$5 + 8 =$ ☐

$3 + 8 =$ ☐ $6 + 4 =$ ☐

$7 + 4 =$ ☐ $5 + 9 =$ ☐

$6 + 7 =$ ☐ $9 + 5 =$ ☐

$5 + 6 =$ ☐ $8 + 4 =$ ☐

받아내림이 있는 두 자리 수 - 한 자리 수

참 잘했어요!

✳ 그림을 보고, ☐ 안에 알맞은 수를 쓰세요.

✳ 그림을 보고, ☐ 안에 알맞은 수를 쓰세요.

$$13 - 5 = \boxed{}$$

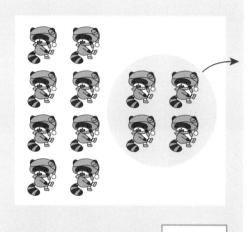

$$12 - 4 = \boxed{}$$

$$11 - 3 = \boxed{}$$

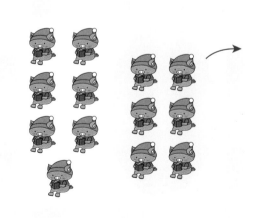

$$13 - 6 = \boxed{}$$

$$10 - 8 = \boxed{}$$

받아내림이 있는 두 자리 수 − 한 자리 수

참 잘했어요!

✱ 번호판에 맞는 답의 붙임 딱지를 붙이세요.

✱ 그림을 보고, ☐ 안에 알맞은 수를 쓰세요.

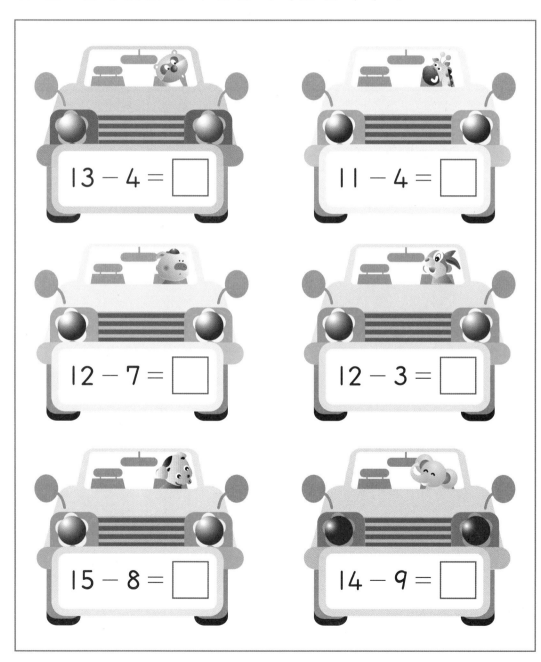

13 − 4 = ☐

11 − 4 = ☐

12 − 7 = ☐

12 − 3 = ☐

15 − 8 = ☐

14 − 9 = ☐

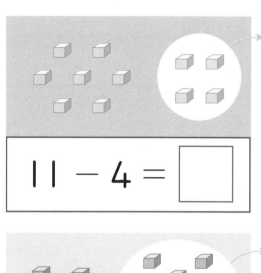

11 − 4 = ☐

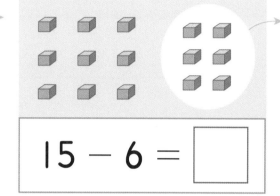

15 − 6 = ☐

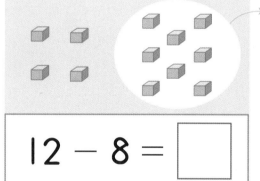

12 − 8 = ☐

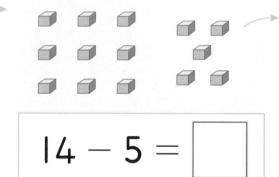

14 − 5 = ☐

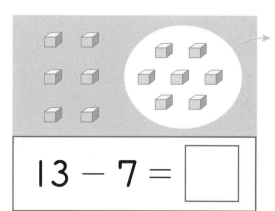

13 − 7 = ☐

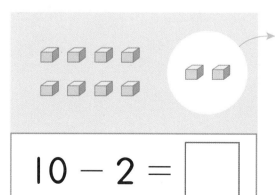

10 − 2 = ☐

 참 잘했어요!

받아내림이 있는 두 자리 수 − 한 자리 수

✿ 그림을 빼는 수만큼 지우고, 답을 선으로 이으세요.

13 − 7 •

• **5**

11 − 8 •

• **8**

14 − 9 •

• **6**

12 − 4 •

• **3**

✿ 계산을 하여, ☐ 안에 알맞은 수를 쓰세요.

12 − 4 = ☐

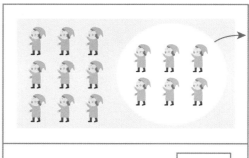

15 − 6 = ☐

11 − 4 = ☐

17 − 8 = ☐

13 − 6 = ☐

15 − 7 = ☐

12 − 5 = ☐

16 − 9 = ☐

14 − 8 = ☐

13 − 4 = ☐

받아내림이 있는 **두 자리 수 – 한 자리 수**

✳ 뺄셈을 하여, ☐ 안에 그 수를 쓰세요.

✳ ☐ 안에 알맞은 수를 쓰세요.

13 – 8 = ☐

14 – 5 = ☐

16 – 7 = ☐

11 – 4 = ☐

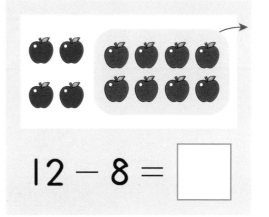

12 – 8 = ☐

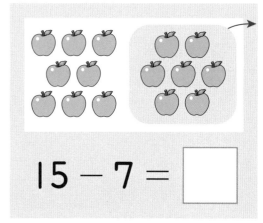

15 – 7 = ☐

11 – 3 = ☐

12 – 8 = ☐

14 – 6 = ☐

13 – 7 = ☐

18 – 9 = ☐

16 – 8 = ☐

17 – 8 = ☐

15 – 6 = ☐

90까지의 수를 알아요

참 잘했어요!

✾ 그림의 개수에 맞는 수를 ○ 하세요.

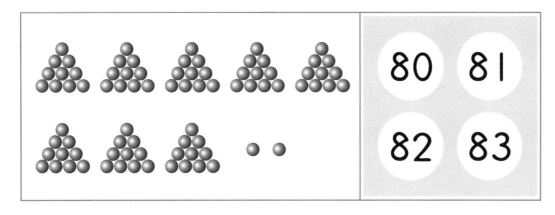

80	81
82	83

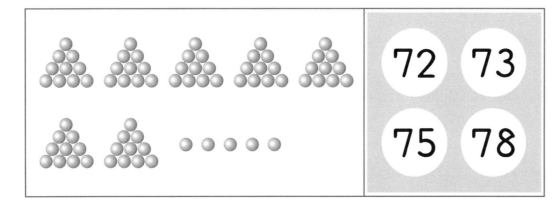

72	73
75	78

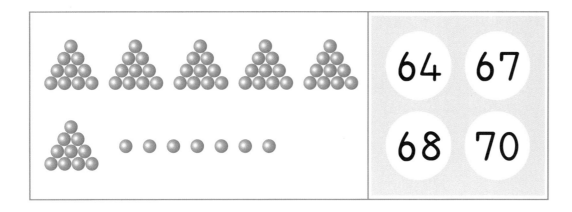

64	67
68	70

✾ 81, 82, 83의 숫자를 바르게 쓰세요.

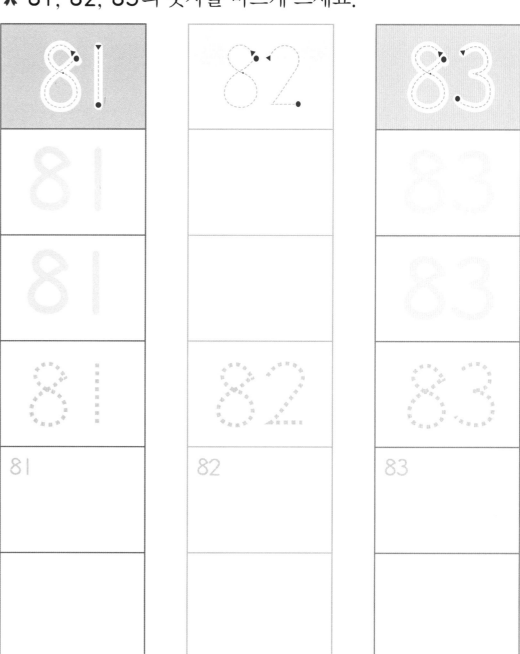

90까지의 수를 알아요

✽ 그림의 수를 세어 그 수에 ○ 하세요.

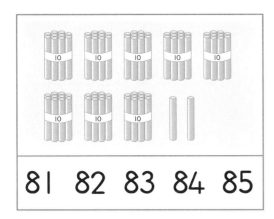

81 82 83 84 85

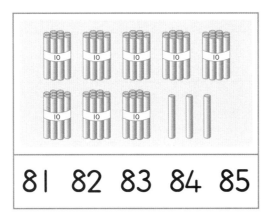

81 82 83 84 85

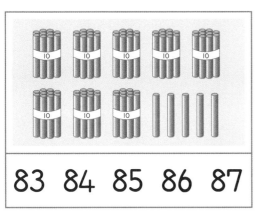

83 84 85 86 87

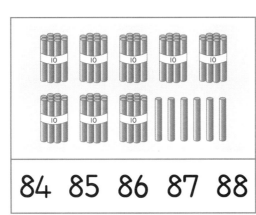

84 85 86 87 88

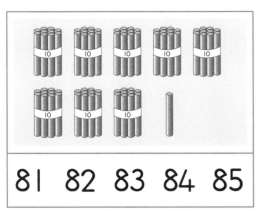

81 82 83 84 85

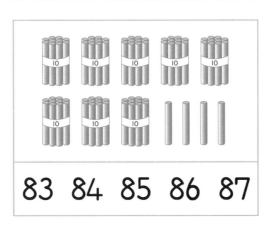

83 84 85 86 87

✽ 84, 85, 86의 숫자를 바르게 쓰세요.

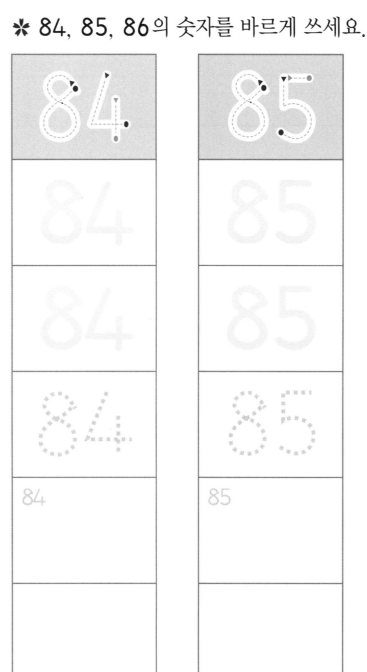

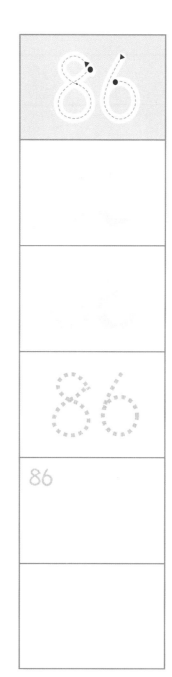

90까지의 수를 알아요

참 잘했어요!

✳ 왼쪽 수와 같은 수를 찾아 선으로 이으세요.

10개씩 묶음	낱개
8	3

10개씩 묶음	낱개
8	5

10개씩 묶음	낱개
8	7

10개씩 묶음	낱개
8	9

10개씩 묶음	낱개
8	6

85

83

87

86

89

✳ 87, 88, 89의 숫자를 바르게 쓰세요.

21

90까지의 수를 알아요

✱ 그림에 맞는 묶음 수와 낱개 수를 쓰고 합한 수를 쓰세요.

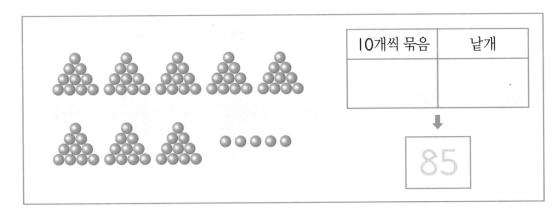

10개씩 묶음	낱개

85

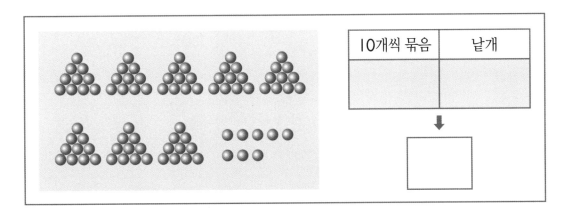

10개씩 묶음	낱개

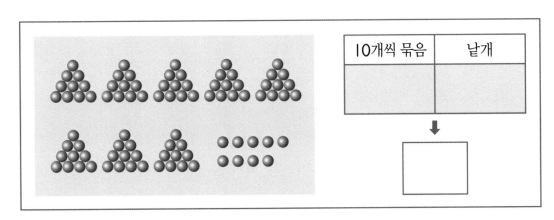

10개씩 묶음	낱개

✱ 88, 89, 90의 숫자를 바르게 쓰세요.

88	89	90
88	89	90
88	89	90
88	89	90
88	89	90

90까지의 수를 알아요

참 잘했어요!

✲ 아지가 미역을 줍고 있어요. 빈칸에 숫자 붙임 딱지를 차례에 맞게 붙이세요.

✲ 빈칸에 들어갈 알맞은 숫자를 바르게 쓰세요.

71		73		75
	77		79	
81	82	83	84	85
86	87	88	89	90
91	92	93	94	95
96	97	98	99	100

90까지의 수를 알아요

✻ 차례수에 맞게 빈칸에 들어갈 알맞은 숫자를 쓰세요.

✻ 차례수에 맞게 빈칸에 들어갈 알맞은 숫자를 쓰세요.

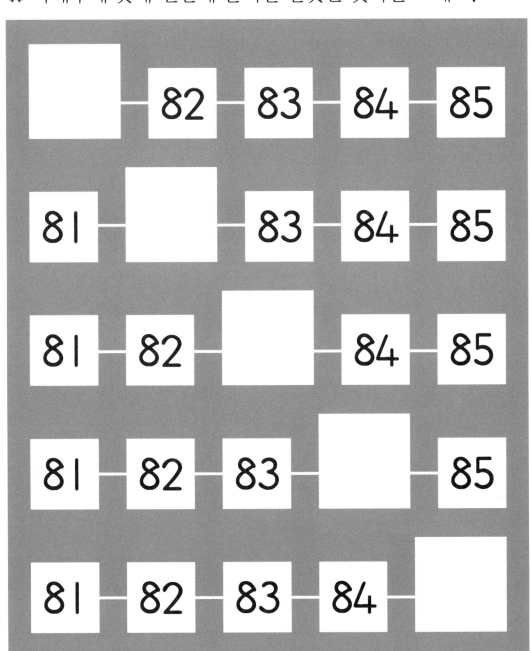

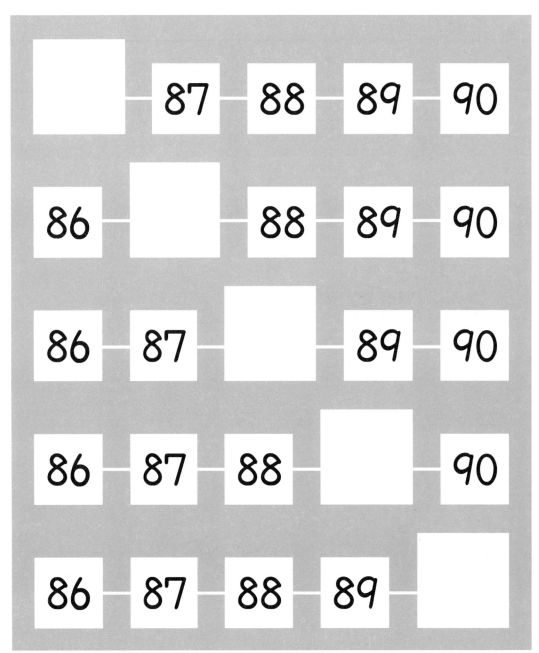

시계는 똑딱똑딱

참 잘했어요!

❋ 시계를 읽어 보세요.

❋ 거북 시계에 빠진 숫자 붙임 딱지를 붙여 시계를 완성하세요.

몇 시일까요?

✳ 시각에 맞게 시곗바늘 붙임 딱지를 붙이세요.

몇 시인지 알 수 있어요

✲ 시계를 잘 보고 몇 시인지 말하세요.

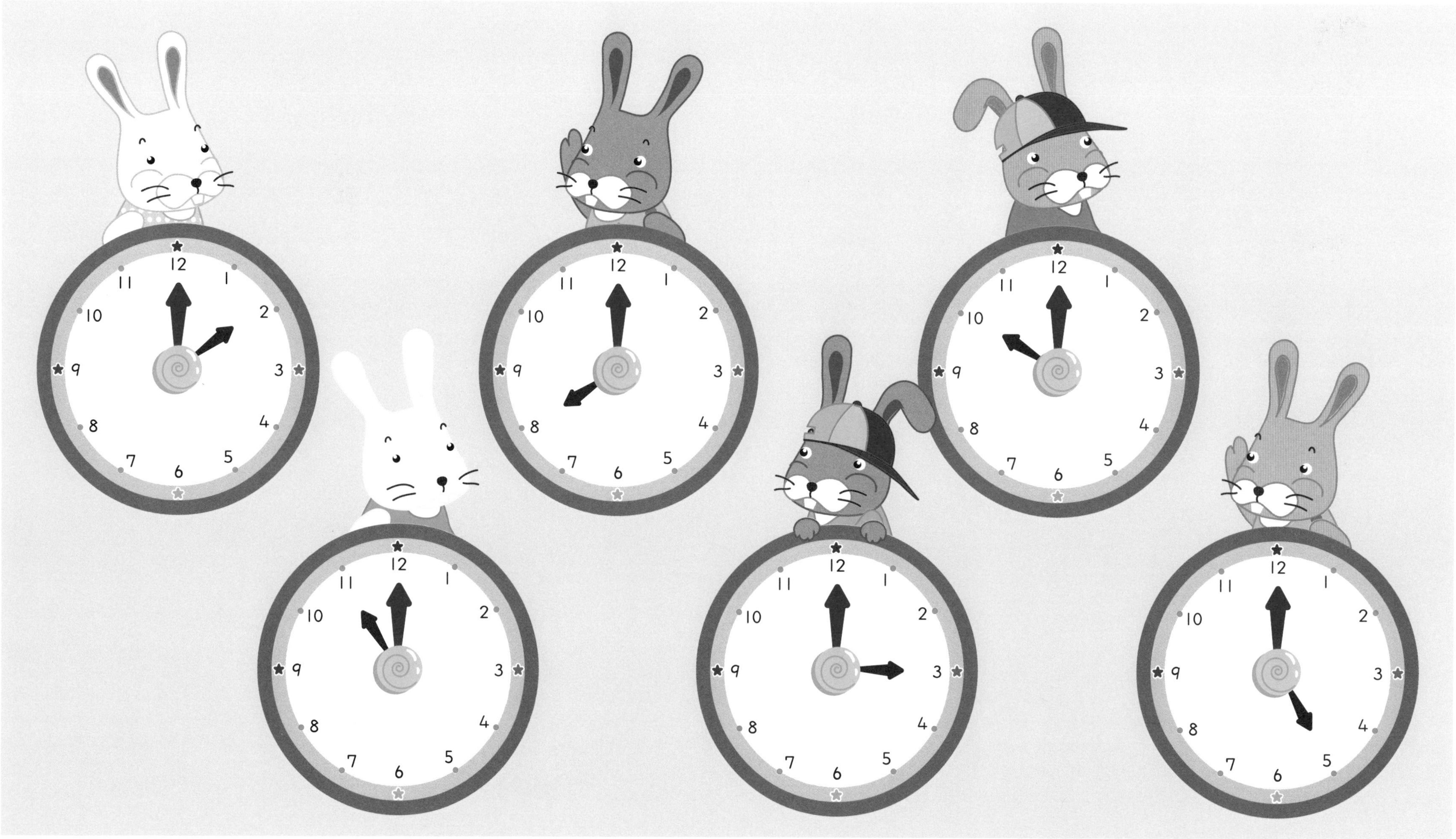

시와 분을 알아요

❋ 시계를 잘 보고 같은 시각을 가리키는 것끼리 이으세요.

❋ 시계에 맞는 숫자를 써서 시계를 완성하세요.

8 : 10

8 : 30

10 : 30

9 : 00

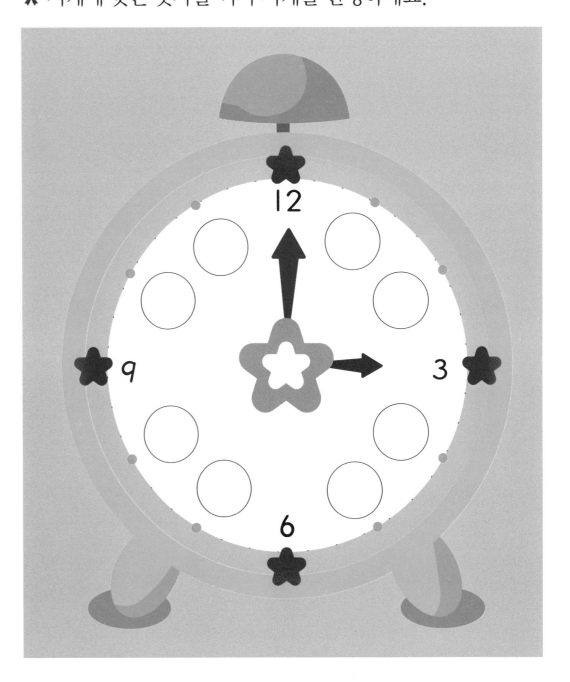

시계는 쉬지 않아요

참 잘했어요!

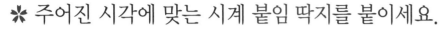

❋ 주어진 시각에 맞는 시계 붙임 딱지를 붙이세요.

❋ 시계에 30분을 그려 보세요.

8시

3시 30분

12시 20분

5시 10분

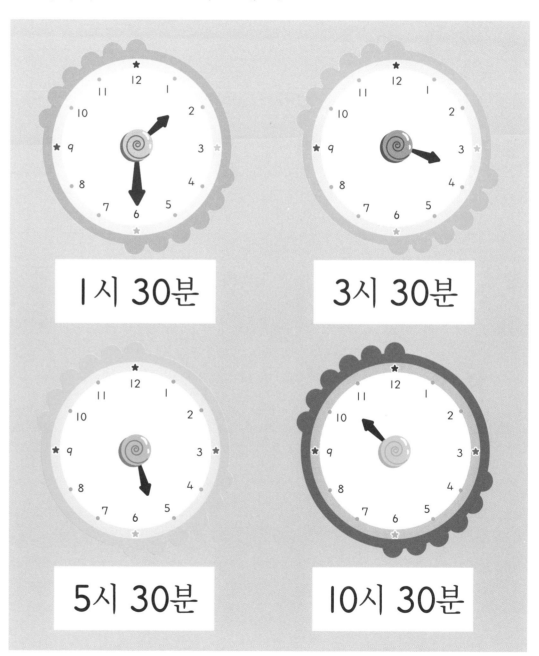

1시 30분

3시 30분

5시 30분

10시 30분

29

100까지의 수를 알아요

✽ 그림의 개수에 맞는 수를 ○ 하세요.

✽ 91, 92, 93의 숫자를 바르게 쓰세요.

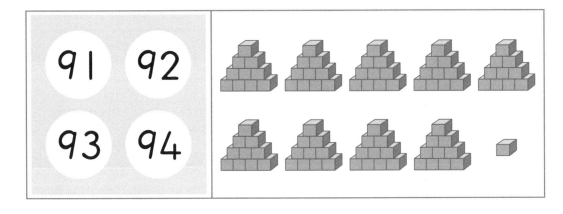

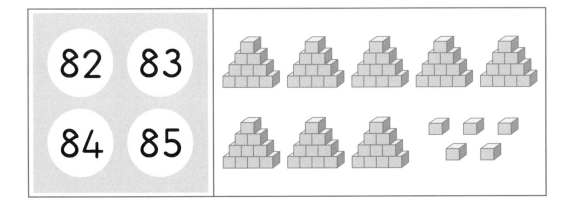

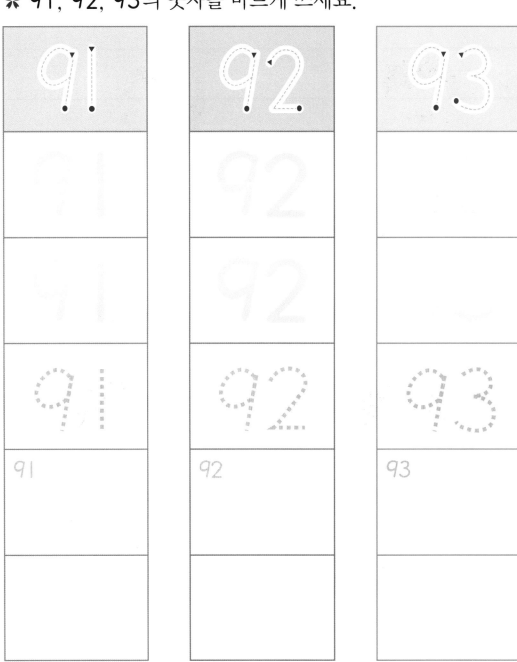

100까지의 수를 알아요

✱ 그림의 개수에 맞는 수를 ○ 하세요.

✱ 94, 95, 96의 숫자를 바르게 쓰세요.

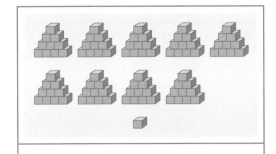

91 92 93 94 95

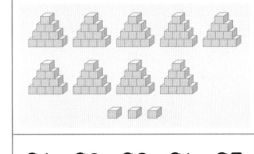

91 92 93 94 95

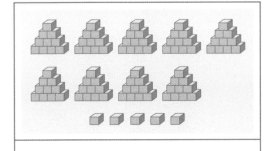

93 94 95 96 97

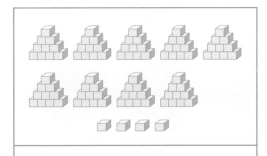

93 94 95 96 97

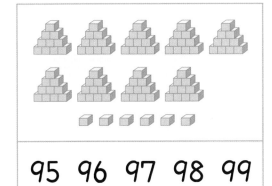

95 96 97 98 99

91 92 93 94 95

100까지의 수를 알아요

❋ 그림의 개수를 세어 같은 것끼리 선으로 이으세요.

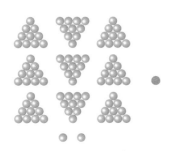
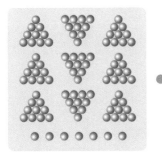
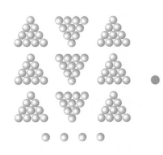
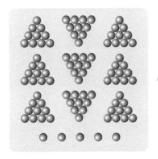

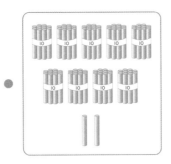
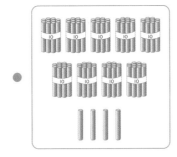
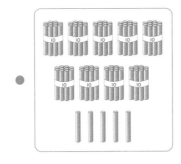
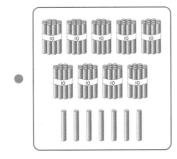

❋ 97, 98, 99의 숫자를 바르게 쓰세요.

참 잘했어요!

100까지의 수를 알아요

✽ 빈칸에 사이의 수를 쓰세요.

90 — ☐ — 92   92 — ☐ — 94

96 — ☐ — 98   97 — ☐ — 99

93 — ☐ — 95   91 — ☐ — 93

✽ 빈칸에 1 큰 수와 1 작은 수를 쓰세요.

☐ — (92) — ☐   — (94) —

☐ — (95) — ☐   — (98) —

— (97) —   ☐ — (99) — ☐

✽ 98, 99, 100의 숫자를 바르게 쓰세요.

100까지의 수를 알아요

참 잘했어요!

✽ 왼쪽 수와 같은 수를 찾아 선으로 이으세요.

10개씩 묶음	낱개
9	9

10개씩 묶음	낱개
9	5

10개씩 묶음	낱개
9	6

10개씩 묶음	낱개
9	3

10개씩 묶음	낱개
9	8

• 96
• 93
• 98
• 95
• 99

✽ 차례수에 맞게 빈칸에 들어갈 알맞은 숫자를 쓰세요.

71		73		75
76		78		80
81		83		85
86		88		90
91	92	93	94	95
96	97	98	99	100

34

100까지의 수를 알아요

✽ 차례수에 맞게 빈칸에 들어갈 알맞은 숫자를 쓰세요.　　　✽ 차례수에 맞게 빈칸에 들어갈 알맞은 숫자를 쓰세요.

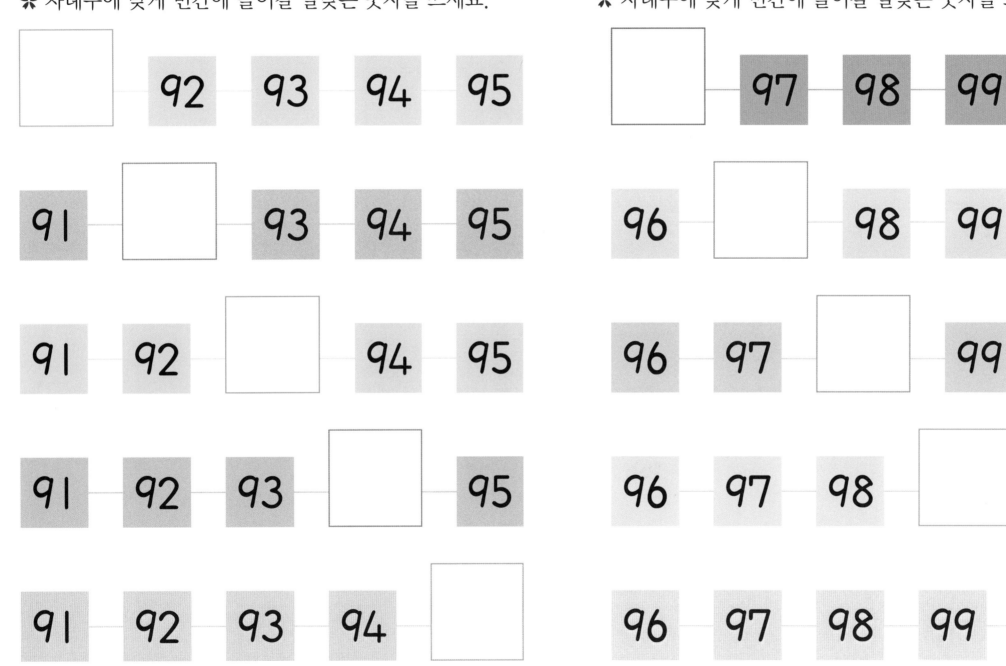

35

참 잘했어요!

받아올림이 없는 두 자리 수 + 한 자리 수

✻ 동물들이 들고 있는 문제에 맞는 답을 찾아 선으로 이으세요.

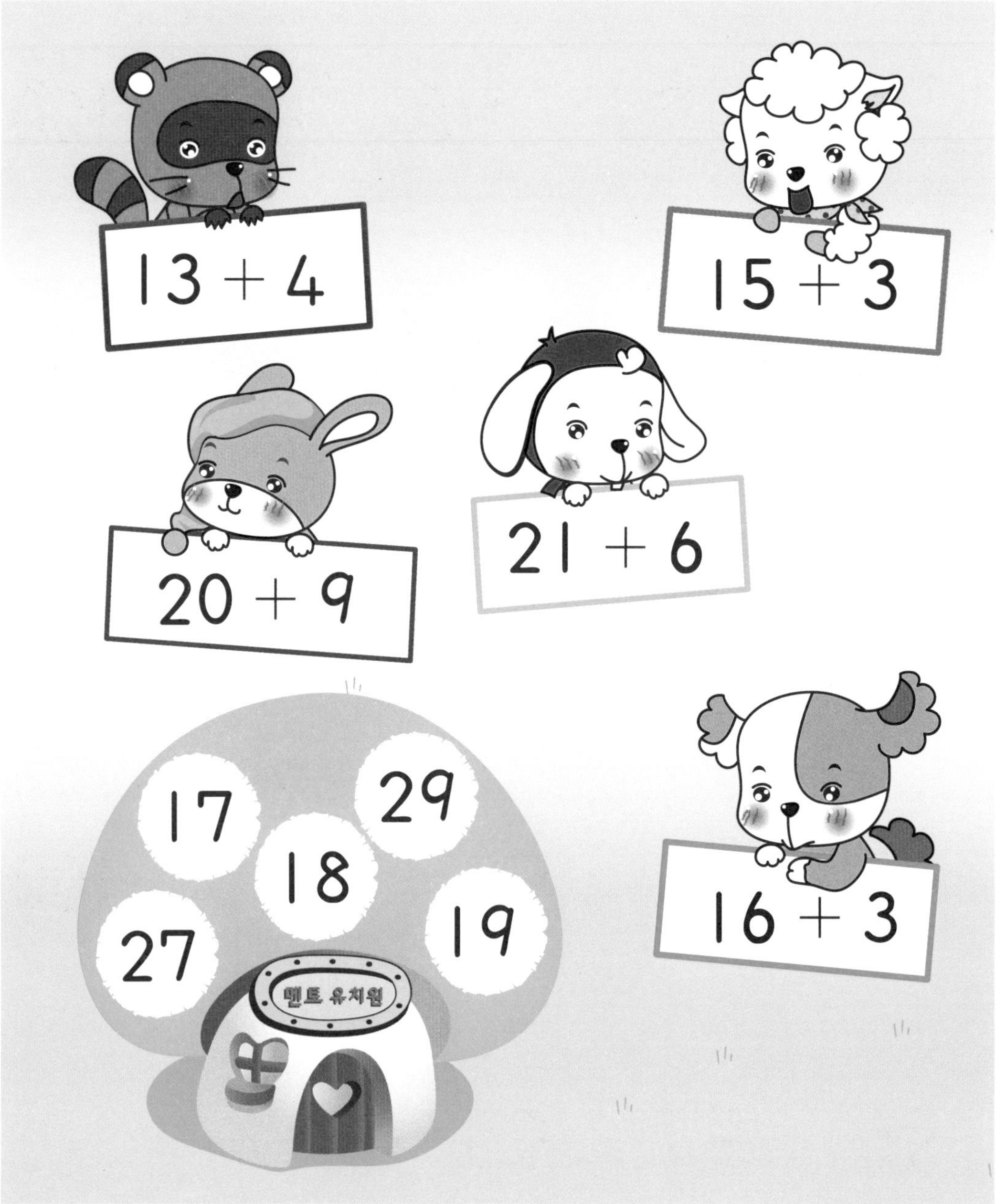
13 + 4
15 + 3
20 + 9
21 + 6
16 + 3
17
29
18
27
19
멘토 유치원

✻ 그림을 보고, □ 안에 알맞은 수를 쓰세요.

□ + □ = □

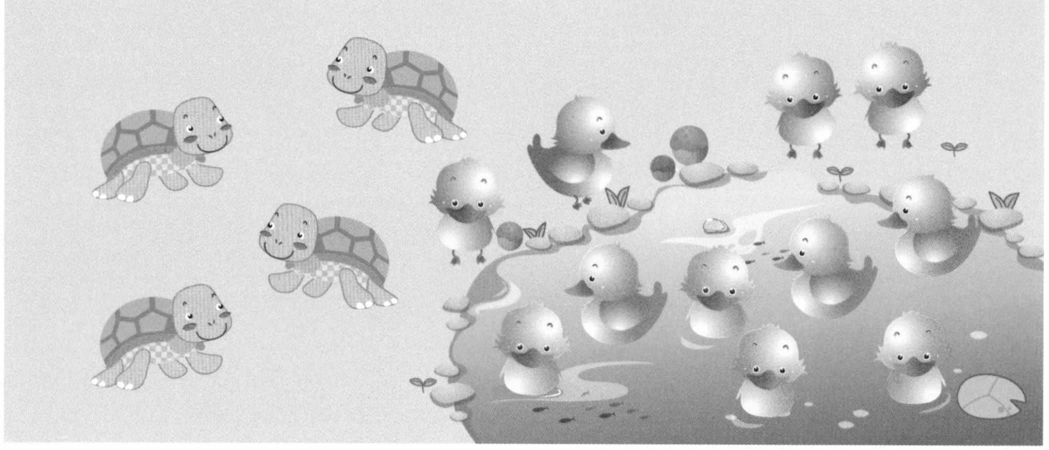

□ + □ = □

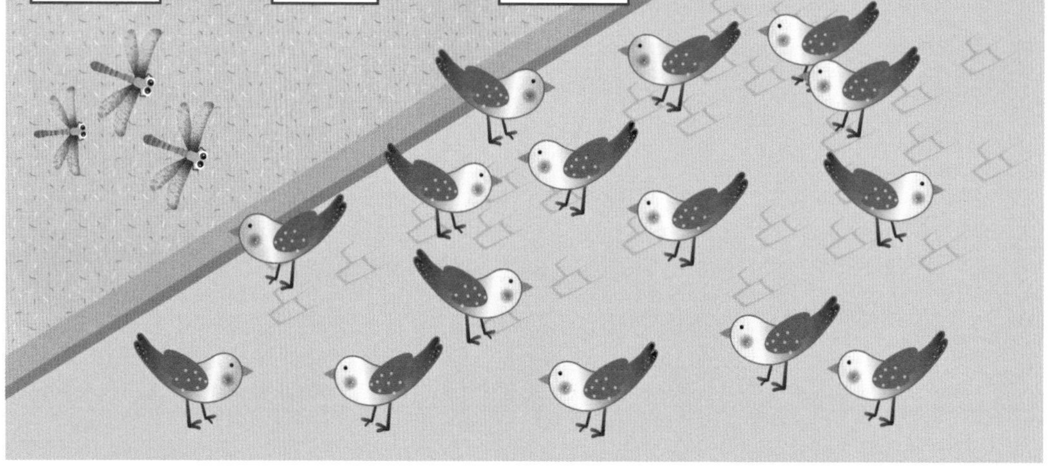

받아올림이 없는 **두 자리 수 + 한 자리 수**

✽ 덧셈을 하여 나온 답을 선으로 이으세요.

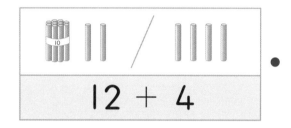

12 + 4

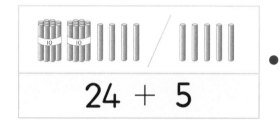

24 + 5

11 + 8

23 + 4

• 29

• 16

• 27

• 19

✽ 덧셈을 하여, ☐ 안에 알맞은 수를 쓰세요.

12 + 4 = ☐

17 + 2 = ☐

15 + 3 = ☐

28 + 1 = ☐

참 잘했어요!

받아올림이 없는 두 자리 수 + 한 자리 수

✽ 그림을 보고, ☐ 안에 알맞은 수를 쓰세요.

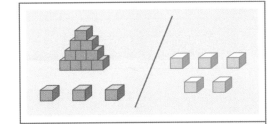

13 + 5 = ☐

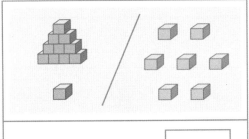

11 + 7 = ☐

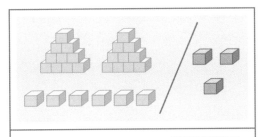

26 + 3 = ☐

22 + 6 = ☐

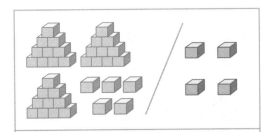

35 + 4 = ☐

31 + 6 = ☐

✽ 덧셈을 하여, ☐ 안에 알맞은 수를 쓰세요.

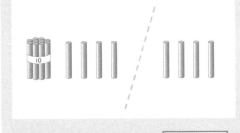

14 + 4 = ☐

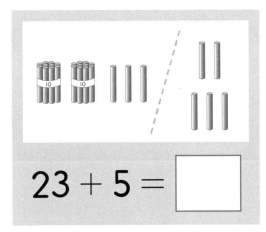

23 + 5 = ☐

13 + 5 = ☐

22 + 7 = ☐

12 + 6 = ☐

21 + 3 = ☐

11 + 3 = ☐

27 + 2 = ☐

15 + 2 = ☐

23 + 4 = ☐

받아올림이 없는 두 자리 수 + 한 자리 수

참 잘했어요!

✽ 덧셈을 계산하여 나온 답을 쓰고, 나무에 붙임 딱지를 붙여 예쁘게 꾸며 보세요

✽ 그림을 보고, □ 안에 알맞은 수를 쓰세요.

탁자 위에 포도 15개, 사과 3개가 있습니다.
과일은 모두 몇 개입니까?

$\square + \square = \square$ 개

13 + 6 = ☐	25 + 2 = ☐
21 + 8 = ☐	16 + 2 = ☐

새끼 오리 12마리, 엄마 오리 5마리가 있습니다.
오리는 모두 몇 마리입니까?

$\square + \square = \square$ 마리

39

받아내림이 없는 두 자리 수 − 한 자리 수

참 잘했어요!

✽ 자동차에 있는 뺄셈을 하여 나온 답에 ○ 하세요.

✽ 그림을 보고, ☐ 안에 알맞은 수를 쓰세요.

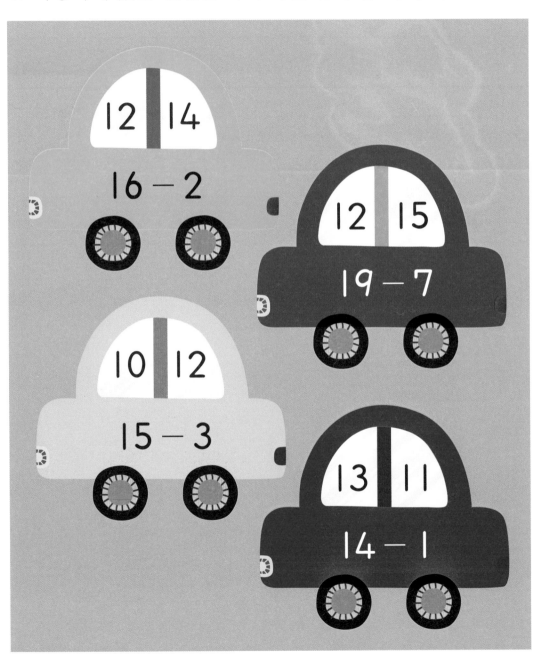

12 | 14
16 − 2

12 | 15
19 − 7

10 | 12
15 − 3

13 | 11
14 − 1

☐ − ☐ = ☐

☐ − ☐ = ☐

40

받아내림이 없는 두 자리 수 – 한 자리 수

✽ 뺄셈을 하여 나온 답을 선으로 이으세요.

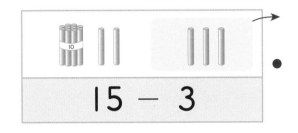
15 − 3

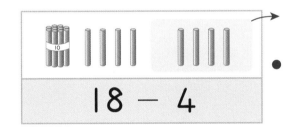
18 − 4

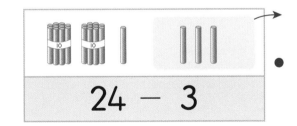
24 − 3

29 − 6

· 21

· 12

· 14

· 23

✽ 뺄셈을 하여 맞는 답에 ○ 하세요.

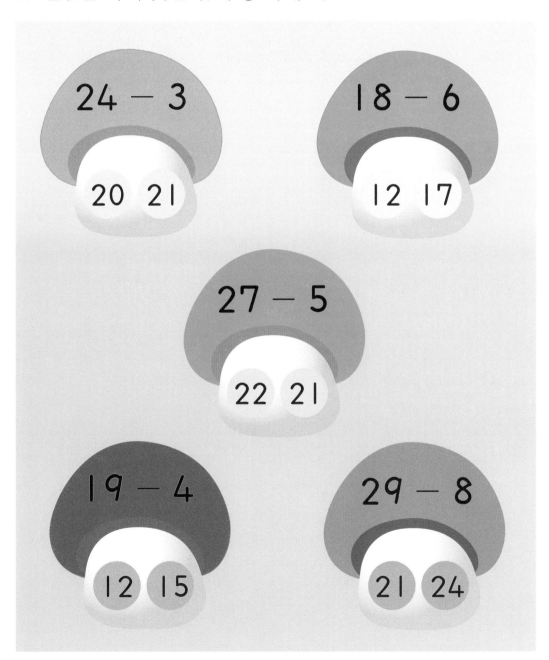

24 − 3   20 21

18 − 6   12 17

27 − 5   22 21

19 − 4   12 15

29 − 8   21 24

참 잘했어요!

받아내림이 없는 두 자리 수 − 한 자리 수

✹ 그림을 보고, ☐ 안에 알맞은 수를 쓰세요.

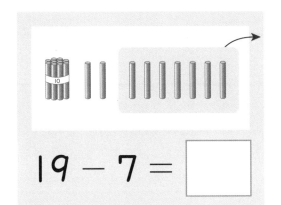

19 − 7 = ☐

24 − 2 = ☐

27 − 6 = ☐

17 − 4 = ☐

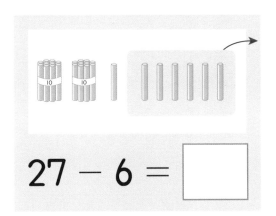

16 − 5 = ☐

28 − 3 = ☐

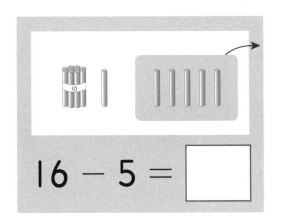

✹ ☐ 안에 알맞은 수를 쓰세요.

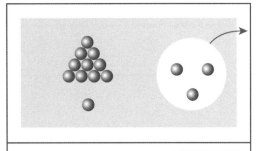

14 − 3 = ☐

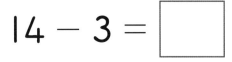

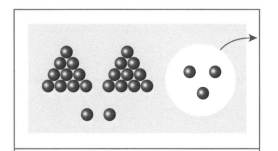

25 − 3 = ☐

18 − 6 = ☐

27 − 5 = ☐

19 − 8 = ☐

26 − 4 = ☐

15 − 4 = ☐

24 − 3 = ☐

17 − 5 = ☐

28 − 7 = ☐

덧셈·뺄셈

받아내림이 없는 두 자리 수 – 한 자리 수

참 잘했어요!

✽ 뺄셈을 하여 나온 답을 쓰고, 붙임 딱지를 물고기에 붙여 보세요.

✽ 글을 읽고, 뺄셈을 하여 답을 쓰세요.

18 − 6 = ☐   25 − 3 = ☐

16 − 5 = ☐   28 − 4 = ☐

탁자 위에 사과 16개가 있었습니다. 그 중 4개를 먹었습니다. 남아 있는 사과는 몇 개입니까?

☐ − ☐ = ☐ 개

풍선이 13개 있었습니다. 그 중에서 2개가 터졌습니다. 남아 있는 풍선은 몇 개입니까?

☐ − ☐ = ☐ 개

보물섬에 왔어요

✾ 덧·뺄셈을 하여 맞는 답을 따라 보물섬을 찾아가세요.

44

덧셈과 뺄셈

✽ 덧셈과 뺄셈을 하여 나온 답을 찾아 선으로 이으세요.

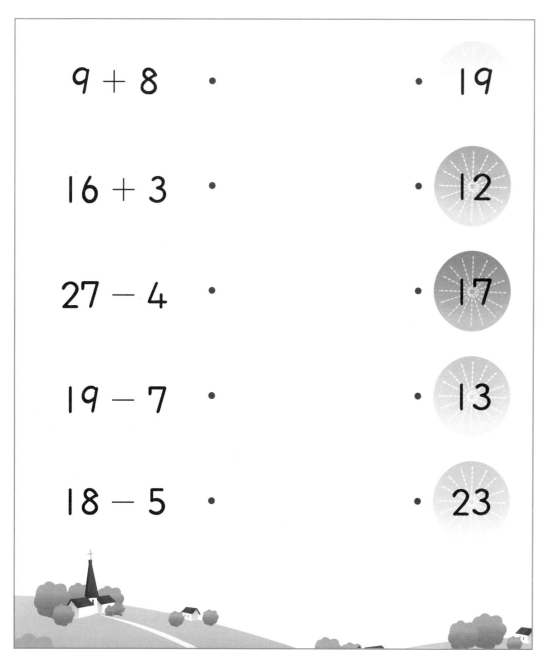

$9 + 8$ •

$16 + 3$ •

$27 - 4$ •

$19 - 7$ •

$18 - 5$ •

• 19

• 12

• 17

• 13

• 23

✽ 덧 · 뺄셈을 하여 나온 수를 주어진 색으로 칠하세요.

$25 - 5$

$24 - 4$ $19 - 2$ $16 + 3$

$12 + 6$ $18 + 1$ $15 + 4$

17   18   19   20

45

덧셈과 뺄셈

참 잘했어요!

✽ ☐ 안에 알맞은 수를 쓰세요.

✽ ☐ 안에 알맞은 수를 쓰세요.

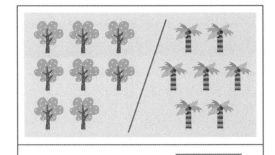

$$8 + 7 = \boxed{}$$

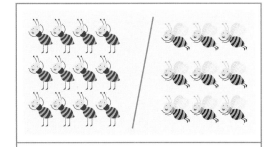

$$12 + 9 = \boxed{}$$

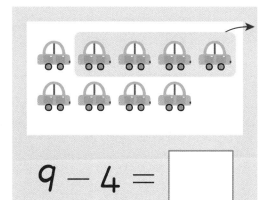

$$9 - 4 = \boxed{}$$

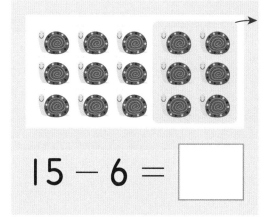

$$15 - 6 = \boxed{}$$

$$9 + 4 = \boxed{}$$

$$13 + 8 = \boxed{}$$

$$8 - 6 = \boxed{}$$

$$13 - 5 = \boxed{}$$

$$5 + 7 = \boxed{}$$

$$17 + 3 = \boxed{}$$

$$7 - 4 = \boxed{}$$

$$17 - 8 = \boxed{}$$

$$8 + 6 = \boxed{}$$

$$15 + 4 = \boxed{}$$

$$9 - 3 = \boxed{}$$

$$15 - 6 = \boxed{}$$

$$6 + 5 = \boxed{}$$

$$12 + 7 = \boxed{}$$

$$6 - 2 = \boxed{}$$

$$12 - 9 = \boxed{}$$

수학놀이터 8 정답

♠ 1쪽
★ 왼쪽 그림과 같이 오른쪽 그림에 붙임 딱지를 붙이세요.
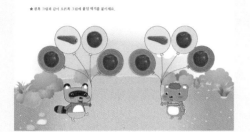

♠ 2쪽
★ 왼쪽 그림을 보고, 오른쪽 그림에서 달라진 곳 네 곳을 찾아 ○ 하세요.
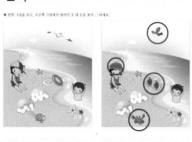

♠ 3쪽
★ 주어진 수보다 1 작은 수를 안에 쓰세요.

20	21		64	65		36	37
33	34		37	38		73	74
45	46		28	29		44	45
27	28		52	53		22	23

♠ 4쪽
★ 주어진 수보다 1 큰 수를 안에 쓰세요.

23 24   18 19   41 42
45 46   63 64   72 73

♠ 5쪽
★ 두 수를 비교하여 ○에 <, >, =를 표시하세요.

34 < 41   24 > 19
43 = 43   52 < 61

♠ 6쪽
★ 왼쪽 두 그림을 겹치면 어떤 모양이 되는지 맞는 모양에 ○ 하세요.
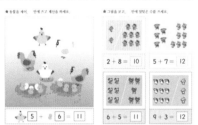

♠ 7쪽
★ 그림을 보고, 덧셈을 하세요.
6 + 3 = 9
4 + 5 = 9
5 + 3 = 9
3 + 4 = 7
6 + 2 = 8

♠ 8쪽
★ 안에 알맞은 수를 쓰세요.
4 + 4 = 8
6 + 2 = 8

5 + 2 = 7   6 + 3 = 9   3 + 5 = 8   6 + 1 = 7
3 + 4 = 7   2 + 7 = 9   4 + 2 = 6   7 + 2 = 9
1 + 8 = 9   4 + 5 = 9   5 + 2 = 7   3 + 3 = 6
3 + 2 = 7   7 + 1 = 8   5 + 2 = 7   2 + 6 = 8

♠ 9쪽
★ 그림을 보고, 뺄셈을 하세요.
8 - 2 = 6
6 - 4 = 2

5 - 3 = 2   7 - 3 = 4
6 - 2 = 4   9 - 4 = 5

♠ 10쪽
★ 안에 알맞은 수를 쓰세요.
8 - 3 = 5
9 - 6 = 3

7 - 2 = 5   9 - 2 = 7   3 - 1 = 2
6 - 4 = 2   4 - 2 = 2   8 - 7 = 1
8 - 1 = 7   9 - 7 = 2   4 - 1 = 3

♠ 11쪽
★ 동물을 세어, 안에 크고 계산을 하세요.
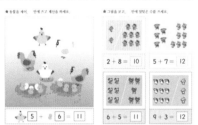
2 + 8 = 10   5 + 7 = 12
5 + 6 = 11
6 + 5 = 11   9 + 3 = 12

♠ 12쪽
★ 그림을 보고, 안에 알맞은 수를 쓰세요.
9 + 5   6 + 7
7 + 5 = 10
7 + 5 = 12   4 + 8 = 12
3 + 8
8 + 4   5 + 5
6 + 7 = 13   5 + 9 = 14

♠ 13쪽
★ 명령어 과녁에 쓰인 수를 세어 수를 선으로 이으세요.
8 + 6 = 14   3 + 9 = 12
7 + 4 = 11   5 + 6 = 11
2 + 9 = 11   4 + 8 = 12
6 + 7 = 13   9 + 4 = 13
8 + 9 = 17   3 + 7 = 10

♠ 14쪽
★ 안에 알맞은 수를 쓰세요.
9 + 7 = 16   5 + 8 = 13
3 + 8 = 11   6 + 4 = 10
7 + 4 = 11   5 + 9 = 14
5 + 6 = 11   8 + 4 = 12

♠ 15쪽
★ 그림을 보고, 안에 알맞은 수를 쓰세요.
12 - 4 = 8   11 - 3 = 8
13 - 5 = 8
13 - 6 = 7   10 - 8 = 2

♠ 16쪽
★ 번호판에 적힌 숫자 붙임 딱지를 붙이세요.
11 - 4 = 7   15 - 6 = 9
13 - 4 = 9   16 - 9 = 7
12 - 7 = 5   17 - 9 = 8
15 - 8 = 7   14 - 5 = 9
13 - 7 = 6   10 - 2 = 8

♠ 17쪽
★ 그림을 보고, 안에 알맞은 수를 쓰세요.
13 - 7   5
11 - 8   8
14 - 9   6
12 - 4   3

12 - 4 = 8   15 - 7 = 8
11 - 4 = 7   17 - 8 = 9
13 - 7 = 6   15 - 6 = 9
14 - 7 = 7   13 - 4 = 9

♠ 18쪽
★ 뺄셈을 하여, 안에 수를 쓰세요.
13 - 5 = 8   14 - 5 = 9
12 - 8 = 4   15 - 7 = 8
11 - 3 = 8   12 - 4 = 8
16 - 7 = 9
14 - 6 = 8   13 - 7 = 6
18 - 9 = 9   16 - 8 = 8
17 - 8 = 9   15 - 6 = 9

♠ 19쪽
★ 그림의 개수를 세어 수를 안에 쓰세요.
80 81   81 82 83
82 83   81 82 83
72 73   81 82 83
75 78   81 82 83
64 67   81 82 83
68 70   81 82 83

♠ 20쪽
★ 그림의 수를 세어 그 수에 ○ 하세요.
84 85 86
82 83 84   83 84 85
83 84 85 86 87 84 85 86 87
81 82 83 84 85 86 87

♠ 21쪽
★ 왼쪽 수와 같은 수를 찾아 선으로 이으세요.
8 3   85   87 88 89
8 5   83   87 88 89
8 7   87   87 88 89
8 9   86   87 88 89
8 6   89   87 88 89

♠ 22쪽
★ 그림에 맞는 수와 낱말 수를 쓰고 알맞은 수를 쓰세요.
88 89 90
85   88 89 90
88   88 89 90
88 89 90
89   88 89 90

♠ 23쪽
★ 바나나 미역을 골고 있어요. 빈칸에 알맞은 붙임 딱지를 붙여 길을 완성하세요.

71	72	73	74	75
76	77	78	79	80
81	82	83	84	85
86	87	88	89	90
91	92	93	94	95
96	97	98	99	100

♠ 24쪽
★ 아래에서 빈칸에 들어갈 알맞은 수를 쓰세요.

| 81 | 82 | 83 | 84 | 85 |
| 86 | 87 | 88 | 89 | 90 |

| 81 | 82 | 83 | 84 | 85 |
| 86 | 87 | 88 | 89 | 90 |

| 81 | 82 | 83 | 84 | 85 |
| 86 | 87 | 88 | 89 | 90 |

♠ 25쪽
★ 시계를 보고 쓰세요. 3시

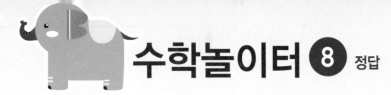

수학놀이터 ❽ 정답

♠ 26쪽

♠ 27쪽

2시 8시 10시
11시 3시 5시

♠ 28쪽
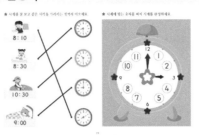

8:10
8:30
10:30
9:00

♠ 29쪽

8시   3시 30분   1시 30분   3시 30분
12시 20분   5시 10분   5시 30분   10시 30분

♠ 30쪽

91	92	93
91	92	93
91	92	93
91	92	93
91	92	93
91	92	93

(91) 92 / 93 94 / 82 83 / 84 (85) / 92 (93) / 94 95

♠ 31쪽

(94) 95 96

(91) 92 93 94 / 91 92 (93) / 93 (94) 95 / 91 (94) / 95 (96) 97 / 91 (92) 94 95

94	95	96
94	95	96
94	95	96
94	95	96
94	95	96

♠ 32쪽
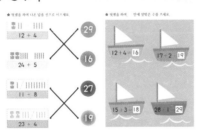

97	98	99
97	98	99
97	98	99
97	98	99
97	98	99

♠ 33쪽

90	91	92	93
96	97	98	
93	94	91	92	93

91 − 92 − 93 / 94 − 95 − 96 / 96 − 98 / 98 − 99 −100

98	99	100
98	99	100
98	99	100
98	99	100
98	99	100

♠ 34쪽
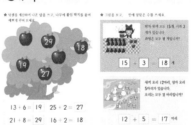

9   96
9 5 93
9 6 98
9 3 99

71 72 73 74 75
76 77 78 79 80
81 82 83 84 85
86 87 88 89 90
91 92 93 94 95
96 97 98 99 100

♠ 35쪽

91 92 93 94 95   96 (97) (98) 99 100
91 92 93 94 95   96 97 98 99 100
91 92 93 94 95   96 97 98 99 100

♠ 36쪽

13 + 4 / 15 + 3 / 20 + 9 / 2 + 6 / 17 + 8 / 16 + 3 / 29

$11 + 4 = 15$
$15 + 3 = 18$

♠ 37쪽
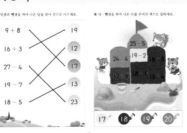

$12 + 4$ → 29
$24 + 5$ → 16
$11 + 8$ → 27
$23 + 4$ → 19

$12 + 4 = 16$ $17 - 2 = 19$
$15 - 3 = 12$ $28 + 1 = 29$

♠ 38쪽

$13 - 5 = 18$ $14 + 4 = 18$
$13 + 5 = 18$ $22 + 7 = 29$
$26 + 3 = 18$ $12 + 6 = 18$
$35 + 4 = 39$ $11 + 3 = 14$
　　　　　　　$15 + 2 = 17$

$23 + 5 = 28$
$22 + 7 = 29$
$21 + 3 = 24$
$27 + 2 = 29$
$23 + 4 = 27$

♠ 39쪽
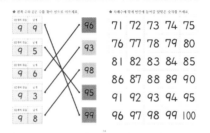

29   18   19   27

$13 + 6 = 19$ $25 + 2 = 27$
$21 + 8 = 29$ $16 + 2 = 18$

$15 + 3 = 18$
$12 + 5 = 17$ 개

♠ 40쪽

12 14 / 16 − 2 / 10 12 / 15 − 3
12 15 / 19 − 7 / 13 11 / 14 − 1

$18 - 4 = 14$

♠ 41쪽

$15 - 3$ → 21
$18 - 4$ → 12
$24 - 3$ → 14
$29 - 6$ → 23

24 → 21 / 20 21 / 18 − 6 / 12 17 / 19 − 4 / 22 21 / 29 − 8 / 12 15 / 21 24

♠ 42쪽

$19 - 7 = 12$ $24 - 2 = 22$
$27 - 6 = 21$ $17 - 4 = 13$
　　　　　　　$15 - 4 = 11$ $28 - 3 = 25$

$14 - 3 = 11$ $25 - 3 = 22$
$18 - 6 = 12$ $27 - 5 = 22$
$19 - 4 = 15$ $26 - 4 = 22$
$15 - 4 = 11$ $24 - 3 = 21$
$17 - 5 = 12$ $28 - 7 = 21$

♠ 43쪽

12   22   24

$16 - 4 = 12$ 마리

$18 - 6 = 12$ $25 - 3 = 22$
$16 - 5 = 11$ $28 - 4 = 24$

$13 - 2 = 11$ 개

♠ 44쪽
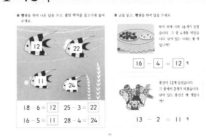

♠ 45쪽

$9 + 8$ → 19
$16 + 3$ → 12
$27 - 4$ → 23
$19 - 7$ → 13
$18 - 5$ → 23

17 (18) 19 (20)

♠ 46쪽

$8 + 7 = 15$ $12 + 9 = 21$ $9 - 4 = 5$ $15 - 6 = 9$
$9 + 4 = 13$ $13 + 8 = 21$ $8 - 6 = 2$ $13 - 5 = 8$
$5 + 7 = 12$ $17 + 3 = 20$ $7 - 4 = 3$ $17 - 8 = 9$
$8 + 6 = 14$ $15 + 4 = 19$ $9 - 3 = 6$ $13 - 8 = 5$
$6 + 5 = 11$ $12 + 7 = 19$ $6 - 2 = 4$ $12 - 9 = 3$